孩子读得懂的

人工智能

丁燕杰◎编著

ARTIFICIAL
INTELLIGENCE

孔學堂書局

图书在版编目（CIP）数据

孩子读得懂的人工智能 / 丁燕杰编著 . -- 贵阳：
孔学堂书局，2025. 8. -- ISBN 978-7-80770-799-8

Ⅰ . TP18-49

中国国家版本馆 CIP 数据核字第 2025XL5605 号

孩子读得懂的人工智能

丁燕杰◎编著

HAIZI DU DE DONG DE REN GONG ZHI NENG

责任编辑：周亿豪

书籍设计：壹品尚唐

责任印制：张　莹

出版发行：贵州日报当代融媒体集团

　　　　　孔学堂书局

地　　址：贵阳市乌当区大坡路 26 号

印　　刷：三河市富华印刷包装有限公司

开　　本：710mm×1000mm　1/16

字　　数：82 千字

印　　张：8

版　　次：2025 年 8 月第 1 版

印　　次：2025 年 8 月第 1 次

书　　号：ISBN 978-7-80770-799-8

定　　价：59.80 元

前言

　　小朋友们，你们知道吗？很久很久以前，人类就梦想着拥有会思考的机器人啦！这个梦想藏在那些古老的故事里：中国古代有个叫偃师的人，做了能歌善舞的木头人偶，把周穆王都骗到了；古希腊神话里，青铜机器人塔罗斯（Talos）日夜守护着岛屿，胸口还燃烧着火焰呢！这些神奇的想象，就像一颗颗种子，在人类心里悄悄发芽。

　　后来呀，科幻电影里的机器人更是五花八门：会当老师的女机器人玛利亚（Maria）、能变形的汽车人、会"调皮捣蛋"的机械蜂……但真正的人工智能比电影里的还酷！它不是冰冷的机器，而是一个会思考的"超级大脑"，正悄悄成为我们生活的好帮手。

　　现在，人工智能早就进入我们的生活啦！你喊一声"小爱同学"，智能音箱可以根据你的指令蹦出故事和音乐，还能帮你开关灯、调节空调；爸爸妈妈手机里的导航更厉害，说一句"导航去公园"，路线立刻就规划好了，比翻地图快十倍！还有小区的智能门锁，"看一眼"就知道你是不是主人，马路上的自动驾驶汽车不用人开就能稳稳地跑，就连手机游戏里那个总赢你的"对手"，说不定也是人工智能！这些藏在科技产品里的"聪明大脑"，能记住数不清的数据，处理问题的速度飞快，还会通过学习变得越来越厉害！

　　不过呀，人工智能也有"等级"哦！本领弱的"专注小能手"，只会做好一件事，比如认出照片里的小猫小狗；稍微厉害点的能陪你聊天、玩游戏，甚至懂你的心情；最厉害的那种只存在于科幻故事里，比人类聪明一万倍呢！但现在我们身边大多是"专注小能手"，它们就像贴心小助手，默默帮忙。当然啦，它们也有短板：算数学题超准，却猜不透你的小秘密；能画漂亮的画，却少了点情感；能记住所有知识，却不会被笑话逗笑。所以呀，人类和人工智能是最佳搭档——我们有温暖的情感和创意，它们有超强算力和耐力，手拉手才能让世界更美好！

小朋友们，你们知道人工智能怎么"学习"吗？它通过分析海量数据总结规律，科学家还帮它打造了"神经网络"，让它像人类大脑一样思考。现在它能帮医生看病、帮农民种庄稼，甚至写诗、画画呢！未来它还能学会什么？会飞的书包？抑或是讲故事的机器人老师？不过呀，也有小挑战等着我们：自动驾驶遇到危险怎么办？机器人会抢我们的工作吗？这些都需要我们用智慧解决。作为未来的小主人，现在要好好学本领，将来才能和人工智能成为最佳拍档！

这本书就像一扇魔法大门，里面有来自古代的奇幻梦想、现代的科技魔法和未来的无限可能。你会认识发明"图灵测试"的科学家图灵（Alan Mathison Turing），了解人工智能如何"学习"，还会看到它在医疗、交通、艺术方面的神奇表现。原来人工智能不是遥远的科幻，而是触手可及的好伙伴！

现在，让我们一起翻开书，走进这个奇妙世界吧！在这里，你会发现科技超有趣，人类的梦想超伟大，而你，也能成为未来的创造者！准备好带着好奇心出发了吗？

第一章

人工智能的奇妙历史

第一节　梦想成真：人工智能的神奇起源

很久以前，人们就想象有会思考的机器人，比如能说话的机器人。这些奇妙的想法经常出现在故事或后来人拍的电影里。

在中国故事里，有个叫偃师的人给周穆王展示了他做的人偶。

它们看起来和人一模一样，还能动呢！

不仅如此，中国古代的能工巧匠们早就开始了对机械机关的探索——墨家学派曾记载过"机关术"：用木材和金属打造出能行走、能负重的机械装置；鲁班大师更厉害，传说他制作的木鸟能"飞三日而不下"，还有能自动行驶的车马。

在遥远的西方，也有着关于神奇智能机器的想象。在古希腊神话里，有个叫塔罗斯（Talos）的巨大青铜机器人，它守护着克里特岛，每天都会绕着岛走三次，保证岛不受敌人侵犯。

后来，在1927年的一部科幻电影《大都会》里，出现了一个叫玛丽亚（Maria）的女性机器人，她看起来既神秘又吸引人，进一步激发了人们对机器人的想象。

当然，除了类人机器人，其他各种机器人的形象也不断涌现。

我们都是机器人哟！

有位名叫艾萨克·阿西莫夫（Isaac Asimov）的小说家还提出了著名的"机器人学三大法则"，告诉机器人应该怎么对待人类。

第一法则：机器人不得伤害人类，或因不作为而使人类受到伤害。

第二法则：机器人必须服从人类的命令，但不得违反第一法则。

第三法则：机器人在不违反第一及第二法则的情况下，必须保护自己。

随着时间的推移，人类对智能机器的探索从想象逐渐走向实践。

比如，18 世纪的时候，人们发明了自动玩偶，也叫自动机，它们能自动演奏音乐呢！

工业革命时期，还有自动织布机，不用人力直接操作，就能自动织出漂亮的布料。

在 20 世纪，计算机开始走进我们的世界，就像给想象中的聪明机器插上了翅膀，让它们变成了现实。

那时候，人们造出了一个叫 ENIAC 的大家伙，它的全名是"电子数值积分计算机"。

ENIAC 里面主要装着真空管、电路板和早期的存储设备。

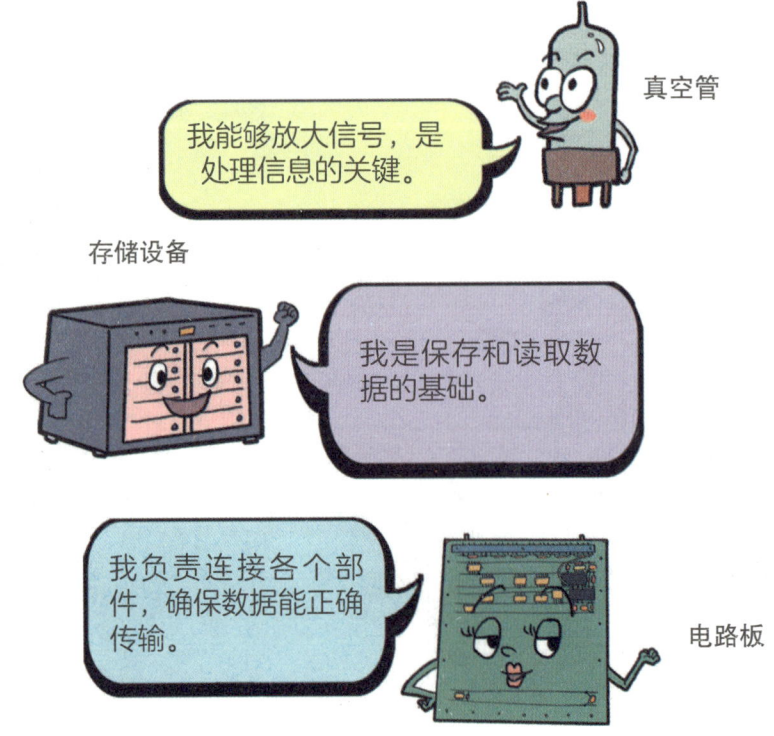

真空管

我能够放大信号，是处理信息的关键。

存储设备

我是保存和读取数据的基础。

我负责连接各个部件，确保数据能正确传输。

电路板

后来，电脑游戏和机器人玩具也变得好玩了，小朋友们可以在玩游戏的时候，感受到一点点人工智能的魔力。

在 20 世纪 70 年代，有个叫《乒乓球》的电子游戏可受欢迎了。当时的小朋友们可以控制屏幕上的小拍子，打来打去，就像真的在打乒乓球一样。

到了 20 世纪 80 年代，电影《变形金刚》中的机器人被做成玩具，风靡一时。这些玩具不仅有超级好玩的科幻故事，还能变成各种酷酷的样子，让小朋友们爱不释手。

那时候，小朋友们经常围坐在家里的电脑前，一起玩电脑游戏。

第二节　图灵的智慧挑战

那么，人工智能是怎么发展起来的呢？这多亏了艾伦·图灵（Alan Mathison Turing）。艾伦·图灵是一位非常聪明的数学家，他提出了一个叫"图灵机"的概念，这是现代计算机的基础哦！

图灵机就像一台有无限长纸带的机器，上面有一个读写头，还有一些控制规则，让它能执行各种计算。

艾伦·图灵还想出了一个测试，叫"图灵测试"。这个测试是看机器能不能在和人聊天的时候，让人分不清它到底是机器还是真正的人。如果机器能做到这一点，那就说明它拥有智能啦！

评估者坐在电脑前，同时和两个小伙伴聊天，他要从聊天的话里找出哪个是真正的人。

如果机器的回答让评估者觉得它就像一个真正的人，那机器就赢了，说明它拥有了智能！

你更爱吃什么？

1101010101……

图灵测试推出后，人工智能的发展速度就越来越快了！随着研究的深入和科技的发展，研究成果也越来越多。

20 世纪 50 年代

20 世纪 90 年代

20 世纪 80 年代

21 世纪

当今 AI（人工智能）广泛应用

现在，研究人工智能的科学家们都在超级酷的实验室里工作，他们正运用高科技手段探索人工智能的无限可能！

第三节　达特茅斯的魔法时刻

纳撒尼尔·罗切斯特
（Nathaniel Rochester）
IBM701 电脑总设计

弗兰克·罗森布拉特
（Frank Rosenblatt）
机械感知之父

纽厄尔
（Allen Newell）
1975 年图灵奖获得者

马文·明斯基
（Marvin Minsky）
1969 年图灵奖获得者

约翰·麦卡锡
（John McCarthy）
1971 年图灵奖获得者
1975 年图灵奖获得者
1978 年诺贝尔经济学奖
Lisp 语言发明者

克劳德·艾尔伍德·香农
（Claude Elwood Shannon）
信息论创始人

赫伯特·亚历山大·西蒙
（Herbert Alexander Simon）

那么，"人工智能"这个词语是谁提出来的呢？1956 年，在美国的达特茅斯学院，一群科学家聚在一起，讨论了关于机器模仿人类智能的事情。这次讨论被认为是"人工智能"这个领域开始的标志哦！

其中，有一个叫约翰麦卡锡（John McCarthy）的人，他提出了"人工智能"这个概念，给这个新领域确定了正式名称。

达特茅斯会议之后，人工智能就像火箭一样飞快地发展，并开始在很多领域发挥作用了。

在医院里帮助医生看病。

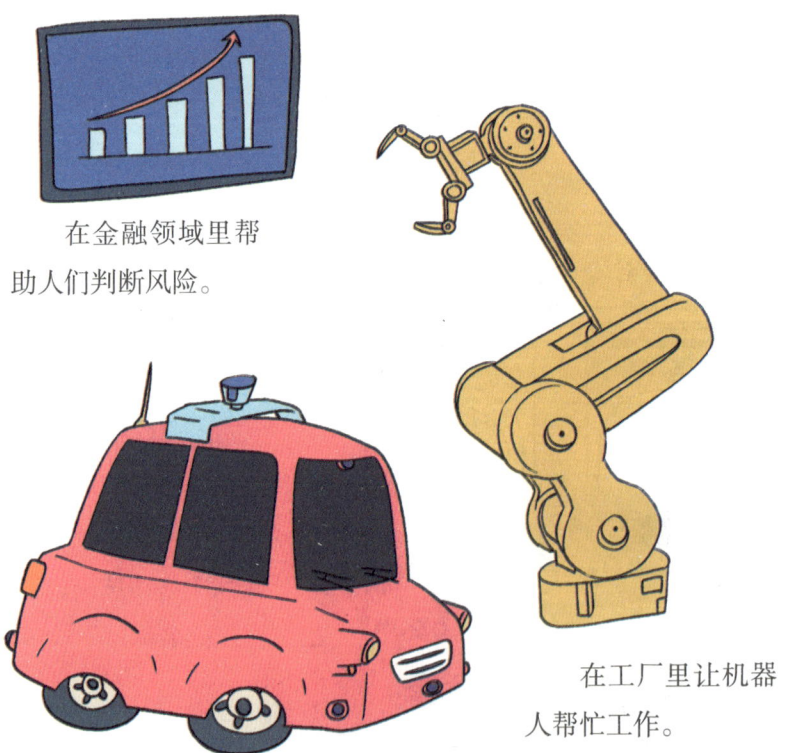

在金融领域里帮助人们判断风险。

在工厂里让机器人帮忙工作。

让汽车可以自己开。

第四节 人工智能的萌芽与生长

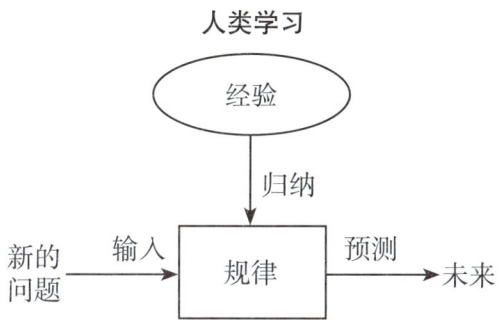

人类学习

你知道吗？早期的人工智能研究很酷，科学家们想让机器也能像人类一样学习，这叫作"机器学习"。想象一下，机器就像个超级学生，它会看很多数据，然后学会怎么做决定或者预测未来。

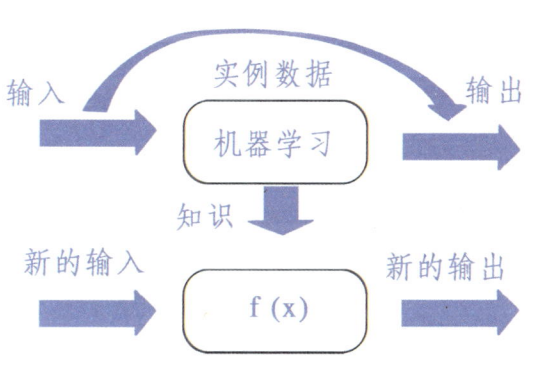

就像我们学习新知识一样，机器也要经过一个过程来"学习"。它先收集信息，比如看很多图片，然后它会在里面找出规律，最后就能认出图片里的东西了。

而且，为了让机器学得更好，还需要一个团队一起来帮忙，他们就像老师一样，不断调整机器的学习方法，让它变得更"聪明"。

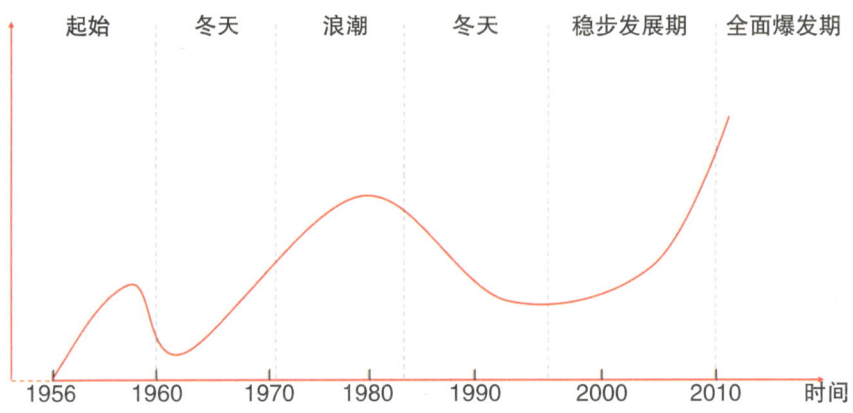

但是，你知道吗？人工智能的发展不是一帆风顺的。在20世纪70年代，因为计算机硬件的拖累和算法进步缓慢，人工智能的研究进展变得很慢，那段时间被叫作"人工智能的冬天"。

那时候，大家都觉得人工智能好像没那么容易实现。投资的人也少了，报纸上都在说"技术投资慢了""人工智能遇到难题了"。这样的寒冬不止一个，在20世纪90年代也出现过。

不过，别担心！科学家们都是很勇敢的，他们没有放弃，还在继续研究。随着科技的发展，电脑变得更厉害了。科学家们也发明了很多新技术。

1956 年，达特茅斯会议标志着 AI 诞生

1963 年，LT 程序被改进为通用问题求解系统（GPS）

1969 年，感知机局限性被指出，因技术限制联结而使联结主义陷入低谷

1977 年，知识工程方法论提出

1986 年，BP 算法使大规模神经网络训练成为可能

2006 年，深度学习的神经网络提出

1957 年，感知机发明，其是神经网络和支持向量机（SVM）的基础

1968 年，DENDRAL 专家系统问世

1975 年，BP 算法提出，使多层人工神经元网络学习成为可能

1982 年，Hopfield 神经网络模型提出

2000 年，脉冲神经网络学习机制 STDP 模型提出

2016 年，围棋人机大战，人工智能获胜

人工智能的研究和发展越来越快！

我赢了！

你看，现在的人工智能已经能打破人类在一些游戏上的纪录了，比如围棋。

今天，人工智能已经成为我们生活中的一部分，帮助我们工作、学习甚至娱乐。

比如，现在的人工智能已经能帮我们在学校里学习，在医院里看病，还能给我们推荐好看的电影呢！

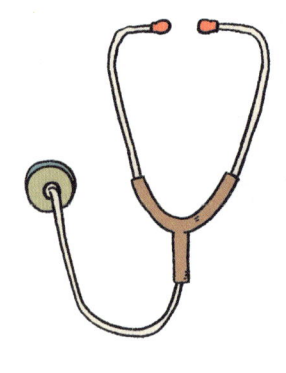

未来，人工智能还会做更多的事情，帮助我们生活得更好。

也许有一天，小朋友们上学的时候，会有一个可爱的人工智能老师来教你们哦！

第二章

揭开人工智能的神秘面纱

第一节　人工智能的庐山真面目

我们知道了人工智能的历史，但人工智能究竟是什么呢？是不是下面这些东西？

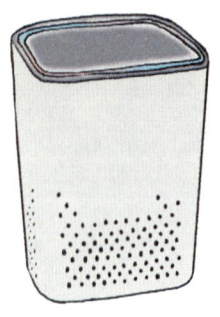

你们书桌上的那个智能音箱，里面住着一个神秘人物，它能听懂你们说话，给你们讲故事、放音乐，还能回答你们的各种问题。

妈妈爸爸用的手机里有个语音助手，你对着手机说话，它就能听懂，然后帮你找东西、发信息。

你们家门上那个能认脸的智能门锁，就像个记忆力超好的守门员，只有看到认识的人的脸，才会开门，这样坏人就进不来了。

无人驾驶的汽车，你坐上去，只要告诉它你要去哪里，它就会自己开车带你去，不用大人握着方向盘。

这些都和人工智能相关，但是不能完全概括人工智能。人工智能，简称 AI，是"Artificial Intelligence"的缩写。简单来说，人工智能是用计算机来模拟人类智能行为的科学。也就是说，科学家希望计算机能够模拟人类思维的模式，主动思考并解决问题。

也许有人会说，现在的计算机很强大了，能够帮我们算出很多很大的数字，记住很多很多的信息，为什么不算人工智能呢？

我们只是人工智能的载体，不是人工智能哟！

因为人工智能的核心是模拟人类的智能行为，也就是要会"思考"。我们可以用一个有趣的故事来解释。

在一家不知名的包子店里，店长正在召开动员大会："自从隔壁开了快餐店之后，我们的包子销售量一再下降，我们开发的新产品都卖不出去了。各位都是我们店里的骨干，所以，我们要……"

其中一位店员："我想到了，我们可以赠送新产品。顾客购买素馅包子，我们就赠送新品素馅包子；购买肉馅包子，我们就送新品肉馅包子。"

店长追问："如果顾客不想选怎么办？"

店员："那我们可以看看他们以前的订单，如果顾客以前点了素馅包子，我们就送新品素馅包子；点了肉馅包子，我们就送新品肉馅包子。"

店长又提出新问题："可有些顾客是新来的。我们不知道他们的口味，要赠送什么馅料的包子呢？"

我该怎么选择呢？

第一，如果把上面的情景转化成计算机处理的内容，哪种属于人工智能呢？让顾客自己选显然不是。这只是被动接收指令，不涉及机器的"思考"。

我会自动断电，可我不是人工智能哟。

第二，根据顾客以前的订单来确定。这样做听起来有点像在做一点点"思考"，但只是按照既定规则执行，没有自主思考和创新决策，通常也不算人工智能。

第三，出现了不确定的情况——新顾客。我们不知道他或她喜欢什么的时候，电脑就会像一个聪明的小助手一样，试着去猜猜看这个新顾客可能会喜欢什么。它会先看看其他顾客的购买记录，会注意到一些线索，比如顾客的年龄、是男生还是女生、住在哪里，还有他们都买了些什么东西。然后，当一个新顾客来的时候，虽然没有他或她以前的购买记录，但电脑会用这些学到的信息推测出他们可能喜欢的口味。这就是一个最简单的人工智能思考过程。

总结一下，人工智能就是一个非常聪明的电脑程序，它模仿了人类思考问题的方式，但它不一定非得是电脑或者手机那样，也不一定要长成人的样子。其实，人工智能说到底，就是一堆程序在一起工作，这些程序能自主做出决定或者完成任务。

那人工智能和编程是一回事吗？编程就像给电脑写信，要用它能理解的"语言"告诉它做什么。

我认识这么多字，我也能当小说家了吧！

但是，编程不等于人工智能。编程是创造人工智能的工具。通过编程，人工智能可以学会认字、写小说。比如，一个人如果不认字，写小说会比较困难，但不能说认识很多字就会写小说。

我认识的字最多，可我不是小说家。

现代汉语词典

第二节　弱 AI、强 AI 和超 AI

那么，人工智能分为哪几种呢？在人工智能的竞技场上，弱 AI、强 AI 和超 AI 就像三个不同级别的选手，每个都有自己独特的能力。

弱 AI 就像刚入行的"新手"，但它已经非常擅长某些特定领域的任务了。

它就像一位超级专业的面点师——虽然只会包包子，但能把每个包子都做得完美无缺。

弱 AI 专注于完成某一个或几个特定的工作，比如语音识别、图像分类等。它不会思考自己是谁，也不关心明天要做什么，它的世界就是现在这一刻，专注于手头的任务。所以，如果你问它哲学问题，它可能就"蒙圈"了。

强 AI 则是 "全能大师"，它不仅会做包子，还能烘焙面包、制作甜点，甚至能告诉你为什么今天的包子特别香。

强 AI 特别聪明，能理解复杂场景，玩策略游戏、学画画和唱歌、解决难题都不在话下。更神奇的是，强 AI 可能还会有自己的感情，能感受到开心或者难过。

所以，如果有一天你遇到了一个能和你聊天、玩游戏，还懂你心情的机器人，那它很可能就是强 AI！

　　超 AI 是比人类更强大的 "终极智能"。它自学能力超强，不需要别人教就能变得更厉害。想象一下，它就像无所不能的超级天才，写作业、玩游戏都能秒杀人类，还能举一反三。

　　不过呢，这个超 AI 现在只存在于科幻小说中。而且，无论人工智能多强大，始终难以真正理解人类的情感。

第三节　人工智能与人类智慧的碰撞

那么，人工智能和人类谁更聪明呢？我们来看一场智力竞赛，参赛双方分别是顶尖的人类代表——爱因斯坦（Albert Einstein）和最聪明的人工智能。让我们看看这场"大战"谁输谁赢。

第一场：记忆大师

人类的记忆力有时候像陈旧的手机相册——你永远不知道什么时候会突然弹出一张几年前的自拍照，让你惊呼："哇，我以前这么年轻过！"但有时候，你需要的照片却怎么也找不到。

而人工智能的记忆就像云盘——只要你上传了，就永远不会丢失，除非黑客入侵或忘了密码。不过，它不会因为看到一张老照片而突然感慨青春不再。

结果：人工智能凭借其"过目不忘"的本领，赢得 1 分，比分 1：0。

第二场：数据处理速度

人类的大脑就像精致的艺术品——精致、复杂，但处理起数据来，可能比蜗牛爬行还要慢。

人工智能选手，那可是数据处理界的博尔特。比如，计算 3.141 5926 × 3.1415926，人工智能可能只需要一眨眼的时间。

人工智能再次轻松获胜，比分 2 : 0。

第三场：创意工坊

说到创造力，人类可是独占鳌头。我们不仅能创造出不存在的世界（《哈利·波特》《指环王》……），还能在现实世界中创造出人工智能。人类的想象力天马行空，难以预测。

人工智能的创造力则像被设定好舞步的舞蹈。它确实能创造出惊人的作品，但这背后往往还是需要人类的推动。

人类凭借无中生有的创造力扳回一城，比分 1 : 2。

第四场：想象力

人类的想象力可以带你进入从未有人踏足过的奇幻世界。从外太空到深海之下，从魔法森林到未来城市，没有边界。

人工智能的想象力虽然强大，但它更像是在一个巨大的拼图游戏中，用已知的碎片构建新的图像。它能产生令人惊叹的结果，但总感觉少了点灵魂。

人类再次凭借丰富的想象力得分，比分追平为 2 : 2。

第五场：情感裁判

在情感的世界里，人类永远是冠军。我们的情感丰富到上千本的字典都解释不完。一个简单的眼神、一个拥抱，背后都是满满的故事。

至于人工智能，虽然它正努力学会识别情感，但它们表达同情和爱的方式……嗯，你见过机器人对你说"我爱你"，然后你感动得痛哭流涕吗？

人类在情感领域获胜，比分 3 : 2 领先。

第六场：学习机器

　　人类的学习过程有点像玩电子游戏，一开始总是手忙脚乱，但随着不断练习，人类逐渐掌握了窍门，最终可以熟练地通关。在这个过程中，我们还能学会如何避免掉进同一个坑里两次。

　　看看人工智能选手，人工智能的学习速度就像下载一部高清电影一样，只要数据充足，就能瞬间掌握大量知识。

　　人工智能凭借超快的学习速度追平了比分，最终 3∶3 握手言和。

　　这场对决没有绝对的赢家，人类和人工智能在各自擅长的领域大放异彩。所以，谁更聪明？答案取决于你要解决的问题——想快速处理数据，选人工智能；渴望灵感和情感共鸣，人类无可替代！

第三章

人工智能的神奇五感与能力

第一节　人工智能的神奇感知

我们人类是靠感官感知这个世界的。我们的感官——眼睛、耳朵、鼻子、舌头和皮肤，就像一个超级豪华的五重奏乐团，每个成员都有其独特的表演方式。

眼睛："摄影师"，捕捉日出的光辉和朋友的笑容；

耳朵："音乐家"，把鸟鸣和歌声编织成旋律；

鼻子："香水师"，用气味带我们回到童年的厨房；

舌头："美食评论家"，分辨酸甜苦辣；

皮肤："触觉大师"，感受拥抱的温暖和海风的轻抚。

人工智能没有人类的感官，那它靠什么感受到世界的美好呢？

现在，我们先来看人工智能的"眼睛"——视觉识别技术，主要有摄像头和传感器。这些"眼睛"超级厉害，在马路上，能像交警一样识别闯红灯的汽车；在工厂里，能精准地找出玩具上的小缺口，连 0.1 毫米的误差都不放过！

人工智能的"耳朵"能听懂你的每一句话：当你说"播放我最喜欢的歌"，它不仅能分辨你的声音，还能记住你的喜好。翻译机、助听器也靠这双"耳朵"，让说不同语言的人轻松交流。

人工智能的"鼻子"被称为"嗅觉传感器"。这个人工智能的"鼻子"能闻到人类闻不到的气味：在农场，无人机用"鼻子"检测番茄植株的病害，提前发现病原体。

在医院，它能从病人的呼吸中检测出流感的早期迹象，比医生的听诊器还灵敏！

人工智能的"舌头"是味觉传感器，虽然它们尝不了美食，但能分析食物的成分。当你面对一桌菜纠结时，它会扫描后告诉你："今晚的炒鸡蛋最新鲜，推荐先吃它！"

食品工厂用它检测饮料甜度，保证每一瓶的味道都一样。

人工智能的触觉通过遍布传感器的外壳传达。这些感应器很厉害，它们能让机器人懂得"轻重缓急"。

人类还有极其神秘的第六感，科学家也希望未来的人工智能也能产生第六感，让这个世界变得更加美好和有趣！

第二节 人工智能擅长什么和不擅长什么

人类有自己不擅长的事，比如，我们人类的力量没有老虎大，跑得也没有猎豹快，晚上看东西没有猫头鹰那么清楚，听声音也没有蝙蝠那么灵敏。

但是呢，我们人类也有超级厉害的地方，那就是我们的创造力和合作精神。所以，我们人类成为地球上的"王者"。

人工智能和人类一样，有自己擅长的，也有自己不擅长的。

先来看看它擅长的。人工智能是个数据狂人，它喜欢和大量的数字打交道，能迅速从海量的数据中找到最有价值的信息。

在图像识别方面，人工智能简直就是艺术鉴赏家和摄影师的结合体。比如，它可以分辨出照片里的猫是波斯猫还是暹罗猫。

说到自然语言处理，人工智能就像一位多才多艺的语言学家，它精通多种语言，能帮助我们翻译、聊天。

哦，原来中文里的风花雪月不仅仅是指天气呢。

根据我的计算，明天会有 78% 的概率下雨，记得带伞哦！

虽然人工智能不能真的看到明天会发生什么，但它很聪明，能通过学习过去的事情来预测未来可能会怎么样。比如，股市会怎么涨跌、天气会不会下雨或者出太阳，还有疾病会不会在人群之间传播，它都能试着告诉我们一个大概的方向。

将军！你输了，但是别担心，下次我们可以玩更简单的，比如猜硬币。

人工智能还是个游戏大师呢！它能在很多需要动脑筋的游戏里打败人类。不管是像国际象棋、围棋这样的经典棋类游戏，还是我们现在玩的电子游戏，人工智能都能轻松打败人类！

人工智能也有很多不擅长的事情。

虽然人工智能知道"我好快乐"就是说很高兴，但是对于更深层或更复杂的心情，它就有点不懂了。比如"我看起来很开心，但其实心里很难过"。

这对我来说太难了……

人工智能能模仿某些画家的、音乐家的风格，但它不能像人类艺术家那样，从生活中获得灵感，创造出独一无二的作品。

我现在需要一杯咖啡和一段美好的回忆来激发灵感。等等，我不会煮咖啡！

人工智能能根据我们提前告诉它的规则来做决定。但是呢，当遇到那种需要考虑很多道德方面的问题时，它就不太行了。比如说，如果有个情况，帮这个人就会对不起那个人，那机器人就不知道该怎么办才好了，因为它不知道到底应该帮谁。

人工智能能完成我们提前给它安排好的事情。但是呢，如果让它突然自己来做点什么好玩的，或者遇到没想到的事情要马上应对，它就不太行了。比如说，它不能像喜剧演员那样，突然想出一个好笑的笑话逗大家开心；也不能像音乐家那样，一下子就能弹出一段很好听的音乐。

不过，这些"不擅长"都是暂时的！随着科技发展，也许明天的人工智能技术就能攻克这些难题，带给我们更多惊喜！

第四章

人工智能的学习魔法

第一节　机器学习

我们是怎么知道那么多事情的呢？对啦，是靠学习！学习可不只是在学校里面听老师讲课那么简单哦！它有很多种方法呢！比如说，在学校里认真听老师讲课是学习；看到别人怎么做，跟着学也是学习；还有，就算做错了事情也没关系，因为从错误里我们能学到宝贵的经验，这同样是学习呢。

其实，人工智能也是需要学习的。在刚开始的时候，它就是一张空白的画布。怎么让它通过学习变得更加强大呢？这就得靠我们的"智慧魔法"——机器学习啦！

我是空白的？怎么可能？

机器学习，简单来说，就是让人工智能通过数据来自我学习和提升。比如，给人工智能一堆猫和狗的照片，说："嘿，小伙伴，去学学怎么区分猫和狗吧！"它就会特别认真地去看这些照片，找出猫和狗的特点，然后学会分辨它们。这就是机器学习——让人工智能从数据中提取特征、学习规律。

机器学习有一个基本的过程。第一步，就是要收集好多好多的信息，我们把这个叫作数据搜集。对于机器学习来说，它看到的数据越多，同时这些数据越能代表真实情况，那它就能学得越好，变得更厉害哦！

第二步是数据整理。收集的数据往往不完美，比如说有些图片不是猫或狗，有些图片不清晰，还有些图片只是猫或狗的一部分。为了让人工智能学习得更好，得把这些"问题图片"挑出来处理清晰或者去掉。

第三步是算法。算法是什么？ 算法就是教人工智能学习的"说明书"。不同的任务需要不同的算法，就像你如果想学画画，那你得看教画画的书，而不是教唱歌的书一样。

第四步是训练模型。也就是让人工智能看很多很多的猫和狗的图片，来学习怎么区分它们。它一边看图片，一边对自己说："哦，这个是猫，这个是狗。"然后它还会根据自己说得对不对，不断调整训练方式。

第五步是模型评估。检查人工智能学得好不好，叫作模型评估。就像你做完作业，老师会给你批改，看看你做对了多少一样。我们会拿一些新的猫和狗的图片测试人工智能，看看它能不能分清楚。

　　第六步是模型优化。如果人工智能表现不够好，我们就要帮它改进，这就叫作模型优化。我们会帮它找出哪里做得不好，然后调整它的"说明书"，或者让它看更多的图片，这样它就能变得更聪明啦！

　　第七步是模型应用。让人工智能做事情，叫作模型应用。学会了怎么区分猫和狗，就可以用来帮我们自动分开图片里的猫和狗了，或者用它来告诉我们新的图片里有没有猫或狗。

　　我们知道了机器学习的过程，那机器学习是不是像人类一样也有方法呢？机器学习有两种主要的方式：监督学习和无监督学习。

　　监督学习就像有个耐心的老师，一边展示标注好的图片（比如标注"猫""狗"的照片），一边教我们学习。每次我们判断后，老师会告诉我们对错，帮我们调整学习方法，使判断越来越准确。

　　所以，监督学习是有老师指导、给出正确答案的学习过程，能帮助机器更好地预测和分类。

那什么是无监督学习呢？就像自己在巨大的玩具箱里玩耍，没有大人告诉我们玩具怎么玩、是什么一样，人工智能只能通过观察玩具（数据）的特点，自己发现规律、分组。

这次没有老师的指导了，我们该怎么玩玩具呢？通过观察，我们发现了一些颜色相近的小汽车，把它们放在一起，然后把积木和娃娃分成了两组。

这两种学习方式不是完全分开的。有时可以先用无监督学习探索，再让老师指导；或者先学有老师教的知识，再自己创新。就像先自己拼拼图，再听老师教技巧；或者先学画画的方法，再自由创作。

第二节 神经网络和深度学习

如果说机器学习是初级魔法，那么深度学习就是高级魔法了。深度学习通过构建深层的神经网络来模拟人脑的学习过程。

神经网络的灵感来自人类大脑！科学家发现，大脑里有很多叫神经元的小东西，它们像小朋友手拉手一样连接、传递信息，让我们能思考、记忆、感知。于是科学家想：要是电脑也这样连接并传递信息，会不会变聪明？神经网络就这样诞生啦！

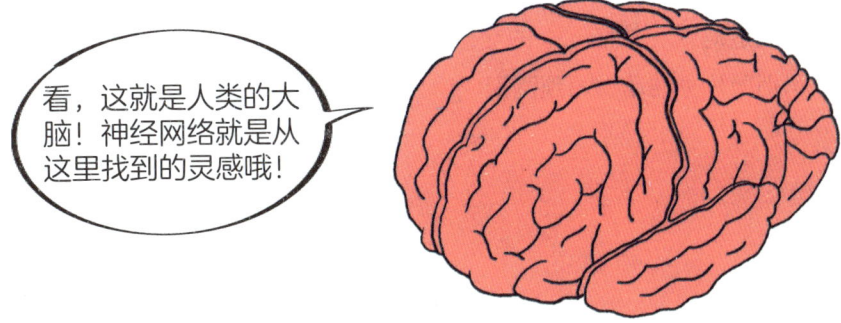

看，这就是人类的大脑！神经网络就是从这里找到的灵感哦！

　　神经网络的工作原理其实很简单。它就像一个住满聪明蚂蚁的蚁巢。我们把问题丢给它们，小蚂蚁们就会一起动脑筋找答案。而且，每次找到答案后，它们都会变得更聪明，下次就能更快找到对的答案。

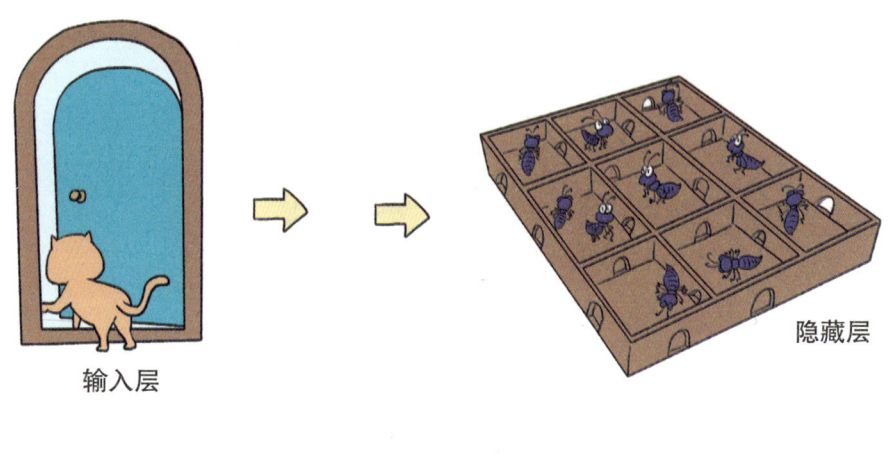

输入层　　　　　　　　　　　　　　　　隐藏层

这是一张猫的图片！

输出层

　　通过蚂蚁（神经元）的交流协作，神经网络能解决复杂问题，比如识别照片里的动物、预测天气。

不过，要让神经网络变聪明，得先教它！这个过程和我们学习一样，多试几次，错了就改。给神经网络看大量数据和它们的名字（标签），让它学习怎么配对。通过调整神经元连接的"松紧"（权重），它就能慢慢给出正确答案。

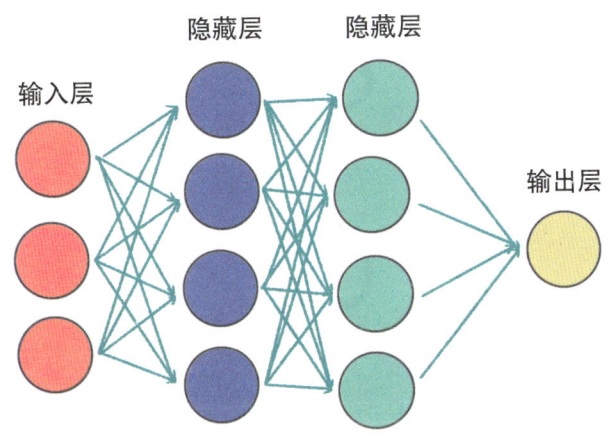

那么，神经网络的智慧是从哪里来的呢？就来自它超强的学习和适应能力！通过不断练习，它能学会认图片、懂语言、模仿声音，越来越厉害！

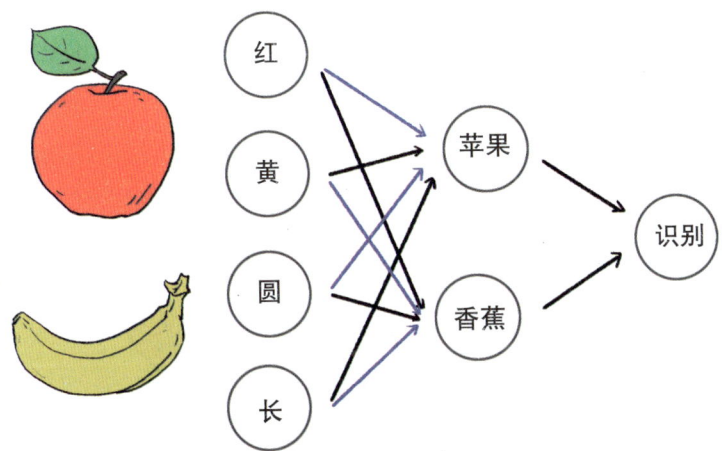

那什么是深度学习呢？这个名字听起来可能有点难，但我们可以用一个简单的例子来解释。

比如说，我们想让人工智能认识我们手写的数字，像9。但是，每个人写的数字都可能不一样，有的大，有的小，还有的写得歪歪扭扭的。

那人工智能要怎么才能认出这些数字呢？深度学习就像给电脑装了一个超复杂的"大脑"，这个"大脑"里有很多很多的"小零件"。

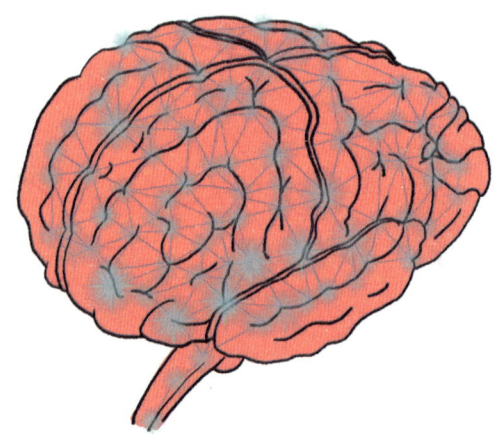

　　这些"小零件"会一起工作，学习怎么从手写的数字图片里找出数字的特点。首先，计算机将手写图片转换为一串数字，每个数字代表图片上一个点（像素）的颜色深浅。

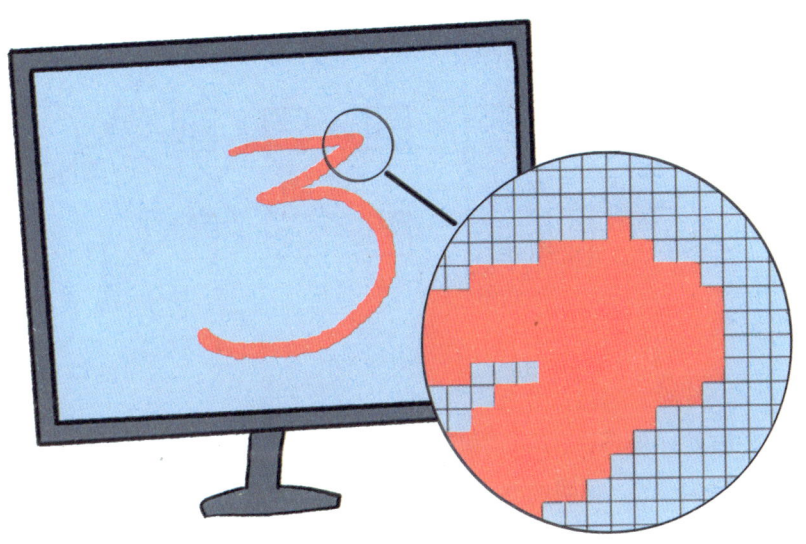

　　接着，深度学习用小"过滤器"扫描图。这些过滤器就像筛子，能把图片上的特定特征找出来。

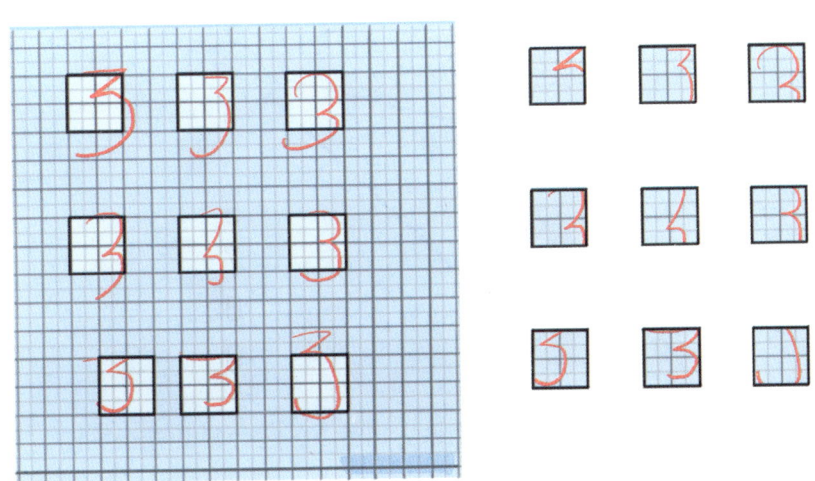

这些特征被送到神经网络的"隐藏层"里，在这里，这些特征会被进一步处理和学习，就像蚂蚁们深入地讨论问题。

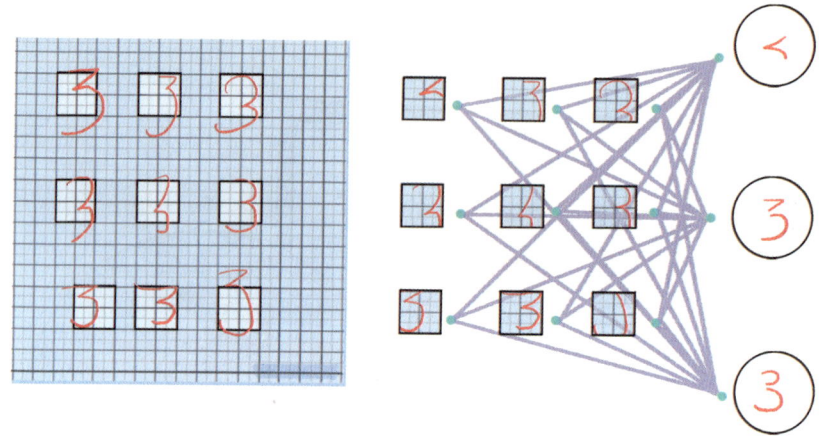

最后，经过多次的处理和学习，这些特征被送到"分类器"里，分类器就像一个"聪明的盒子"，它能把这些特点分到0到9的类别里。

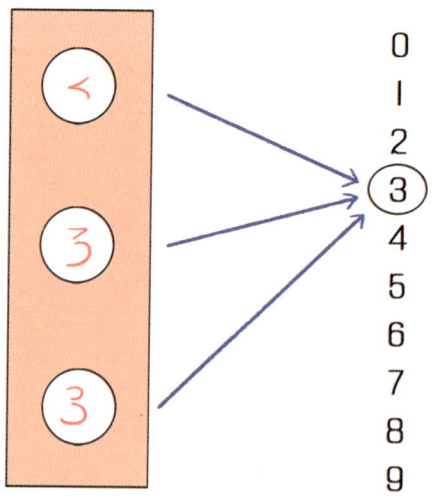

深度学习还能自己进步！如果识别错了，它会调整"小零件"和"筛子"，下次就能更准确！

深度学习和神经网络是啥关系？简单说，神经网络是深度学习的基础。当神经网络有很多层时，就成了深度学习模型！

深度学习超神奇！它能从数据里找出更深层的特征，掌握数据的规律，准确地预测新数据。而且它很智能，能根据任务自动调整模型结构！

比如和人工智能聊天时，它能立刻回应，好像真的懂你说的话。这是因为深度学习通过大量语音数据学习，能听懂语音，转成文字。有了它，才有了智能音箱、语音助手！

除了语音识别，深度学习还很擅长处理文字。它可以自动帮我们给文章分类，或者把长长的文章变成短短的摘要。

在其他地方，深度学习也大显身手！帮自动驾驶汽车认路、给我们推荐喜欢的东西……

深度学习就像一位无所不能的超级英雄，用它的智慧和力量，让我们的生活变得更方便、更有趣。

第五章

机器与人的舞蹈

第一节 机器人，人工智能的"远房亲戚"

有些人觉得，人工智能就是机器人，机器人就是人工智能。其实啊，它们更像关系有点远的亲戚哦！虽然它们之间有关系，可是差别还是挺大的呢！

简单来说，人工智能就是让计算机能够像人一样思考、学习和解决问题的程序，是虚拟的，看不到也摸不着。而机器人呢，它是一个实实在在的东西，我们可以摸到它，看到它动来动去。即使没有机器人这样的实体，人工智能也能发挥作用哦。

　　机器人是由三个很重要的部分组成，它们分别是：感知系统、决策系统和执行系统。感知系统就像机器人的眼睛、耳朵，帮它了解周围发生了什么。决策系统是机器人的大脑，负责思考该怎么做。而执行系统是机器人的手和脚，让它能完成各种任务。

如果把机器人和人类相比，你会发现它们有不少相似的地方。机器人用传感器来感知周围，这些传感器就像人类的眼睛、耳朵和皮肤。机器人的控制系统就像人类的大脑，负责思考。而机器人的执行器和机械臂就像人类的手脚，能做出各种动作。

处理器
传感器
驱动装置
执行器
执行器

其实，机器人不只是人形的扫地机器人、无人机和自动驾驶汽车，扫地机器人、无人机、自动驾驶汽车等都是机器人家族的成员！

而且，机器人只是人工智能研究中的一小部分哟。

　　在工作原理上，人工智能和机器人有很大的不同。人工智能就像是个聪明的助手，它通过学习和思考变得越来越聪明。而机器人则更注重怎么动、怎么完成任务。它们在感知环境后，再思考并做出动作。

　　在应用方面，它们的差别也很大。人工智能像个万能工具箱，能用来听懂语言、看懂图片；机器人主要在工厂、医院，以及各服务行业工作，帮我们完成繁重、危险或重复的任务，让生活和工作更轻松、更安全。

虽然人工智能和机器人是"远房亲戚"，但它们还是有不少联系的。现在很多机器人都变得特别聪明，这都是因为它们加入了人工智能技术。有了这项技术，机器人就能自己找到路、听懂我们说话，还能和我们聊天、帮我们做事。

总的来说，人工智能是大脑，负责思考和决策；机器人是身体，负责执行任务。它们各有所长，一同为我们打造更智能的生活。

第二节　人工智能，需要"身体"吗

我们刚才说了，人工智能是大脑，机器人是身体。那么，人工智能是否需要实体"身体"来展现它的"舞技"呢？想象一下，人工智能如果拥有强壮的身体，是不是就能跳出更炫酷的舞蹈了？

其实，人工智能有两个重要的部分。一个是它的"大脑"，也就是算法和模型，负责思考、学习和做决定。另一个是它的"身体"，也就是能让这些聪明的想法实现的载体，比如机器人、计算机。

算法和模型

不是所有人工智能都需要实体身体哦！像手机上的语音助手，还有推荐电影、音乐的系统，它们没有实体，只在云端或手机里默默工作。比如我们对着手机说话，语音助手马上听懂，这就是人工智能在发挥作用！

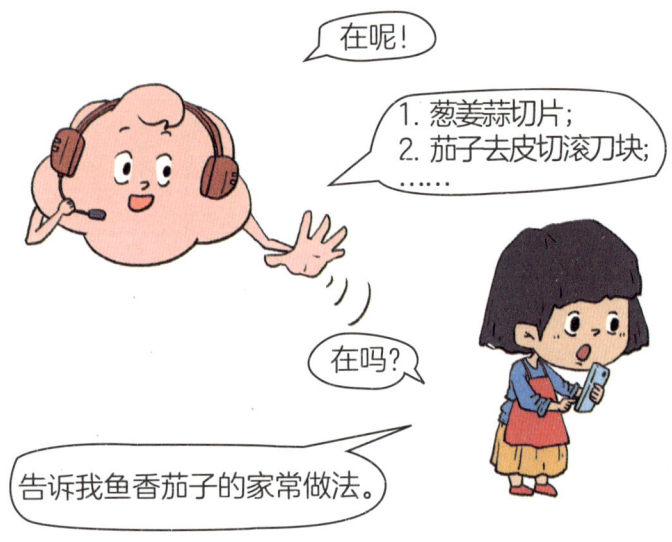

不过，也有一些人工智能是需要身体的，比如那些能帮我们搬东西的机器人，还有自动驾驶汽车。它们不仅有聪明的"大脑"，还有能感知周围环境的"眼睛"和"手脚"，可以完成复杂的任务。

所以，人工智能需不需要身体，要看它要做什么工作。有的只需要在数字世界里干活，有的则需要穿上"盔甲"，变成现实中的小帮手。

那么，有没有身体对人工智能影响大吗？答案是肯定的。就像我们人一样，通过眼睛、耳朵、皮肤这些感官来感受世界。人工智能如果没有身体，它只能靠数据来"看"世界，就不能像我们一样真正感受到温暖、疼痛。

所以，为了让人工智能更好地和外界互动，科学家们一直在努力升级传感器技术，让它能"感受"更多东西。

有了身体的人工智能确实能帮我们做很多事情哦！比如，工厂里的机器人可以帮我们搬东西，医院里的机器人可以协助医生做手术，家里的机器人还可以帮我们打扫卫生。它们都是我们的贴心小助手。

而且，它们还能在危险的地方工作，保护我们的安全。比如，在核电站里检测辐射、在火灾现场救援、在深海或太空探索，代替人类冒险。

当然啦，有了身体的人工智能，和我们交流也更自然啦！比如，商场里的服务机器人可以给我们指路，机场里的机器人可以帮我们提行李，它们就像我们的好朋友一样。

不过，科学家们对于人工智能是否应该有身体，还是有不同看法的。有些科学家觉得，有了身体的机器人能更好地和我们互动，帮我们做更多事情。

但有些科学家觉得，人工智能只是程序，它不需要固定的身体，任何机械都能成为它的"身体"。

还有一些科学家担心，如果人工智能有了身体，可能会引发道德问题。比如，我们该不该给人工智能机器人权利？它们的行为会不会带来危害？我们该怎么定义人工智能机器人的角色？这些问题都需要我们好好思考。

你给我添加了这么多的机械外观，是生怕别人看不出我是机器人吗？

不过，不管人工智能有没有身体，最重要的还是它的"大脑"——算法和模型，这些才是让人工智能变得聪明、能思考的关键哦！

第三节　人与人工智能的"双人舞"

在这个超级酷的智能时代，人类就像会跳舞的大明星，而人工智能呢，就像我们的高科技舞伴，一同跳起未来之舞。

你看，从早上叫醒我们的智能闹钟，到晚上回家能自动亮灯的智能家居，还有路上自己开的汽车，以及工厂里帮我们干活的机器人，它们都在生活中"舞动"，和我们默契地合作。

在这场"双人舞"中，人工智能朋友真的很棒，它们算得很快，做得也很准。比如，家里的智能小伙伴可以帮你调温度、开灯，让家里更舒服；自动驾驶的小汽车能自己找到路，带你安全地去想去的地方。

有了机器舞伴，工作都变得轻松多了！

虽然人工智能很厉害，但也离不开我们的指导！我们是人工智能的设计师、老师，更是好朋友。通过不断学习和改进，让它们变得越来越聪明、贴心。

机器也需要人类的智慧来引导，它们才能跳出更美的舞蹈。

这场舞蹈还让我们思考了很多，比如，我们和人工智能的关系是怎样的？我们以后要怎么和科技一起生活？在这场舞蹈里，我们既是舞者，也是观众；既创造了智能时代，也享受着它带来的便利。

人与人工智能共舞，谱写智能时代华章！

随着科技的发展，我们和人工智能的"双人舞"会越来越精彩！一起期待吧！

第六章

人工智能在生活中的奇妙应用

第一节　组合辅助驾驶：人工智能的驾驶魔法

组合辅助驾驶技术，就像给汽车装上了超级聪明的大脑，让它能够自己开车。这个大脑靠很多神奇的"眼睛"（比如传感器、摄像头和雷达）来看周围的世界，就像我们用眼睛看四周一样。然后，它还会用一种特别复杂的方法（就像我们做的数学题，但比那难多了）来思考："我现在应该怎么做呢？是转弯还是直行？"

现在，这种技术已经慢慢进入了我们的生活。

想象一下，从"握方向盘到手抽筋"到"坐在后排吃炸鸡看风景"，这跨度，简直比从"青铜"到"王者"还刺激！这让"懒癌"患者大为兴奋。来来来，咱们一起看看组合辅助驾驶的几个级别，保证让你笑得合不拢嘴！

L0 级：纯手动驾驶，"懒癌"未入门

L0 级，也就是咱们现在每天都在干的活儿——纯手动驾驶。没有任何自动化帮助，全靠你的一双巧手和敏锐的眼神。这就像你每天都在玩的"真人版极品飞车"，只不过没有复活的机会，得小心驾驶哦！

L1 级：辅助驾驶，"懒癌"初级

L1 级，终于有点自动化的味道了！这时候，你的车可能有了巡航控制、自动刹车等功能。就像有个温柔的助手在旁边提醒你："嘿，哥们儿，该减速了！"或者："嘿，脚别那么重，轻点踩油门！"虽然它不能帮你全程开车，但至少能让你轻松一点点。

L2 级：部分自动驾驶，"懒癌"中期

L2 级，这时候你的车已经相当聪明了！它不仅能控制速度，还能帮你打方向盘。就像有个私人司机在你身边，只不过这个司机有点害羞，需要你时不时地看着它，确保它不会害羞得忘记开车。

L2 级：部分自动驾驶，我可以走神一会儿，车负责开车，完美分工！

L3 级：有条件自动驾驶，"懒癌"高级

L3 级，这时候你的车已经是个"老司机"了！在特定条件下，它完全可以自己开车，而你只需要在紧急情况下接手。它就像个超级靠谱的司机，你可以放心让它去开，只要别让它应对太复杂的情况就行。

前方道路施工？L3 级自动驾驶轻松应对，自动规划绕行路线，安全又省心！

L4 级：高度自动驾驶，接近神仙

L4 级，这时候你的车已经接近神仙级别了！它可以在大多数情况下自动驾驶，你只需要在极少数情况下出手相助。它就像个全能的私人管家，不仅会开车，还会帮你处理各种路况，你只需要享受旅程就行。

L5 级：完全自动驾驶，全自动神仙

L5 级，这就是传说中的全自动神仙级别！车完全自动驾驶，你什么都不用做，只需要坐在车里享受旅程。就像有个真正的神仙在帮你开车，你可以完全放松，享受每一次出行的乐趣。

随着组合辅助驾驶技术的不断发展，我们的出行方式也将发生翻天覆地的变化。无论你有没有驾驶证，都可以自在地乘坐汽车出行。

自动驾驶让出行变得更便捷、更有趣！

到现在为止，我们还没有完全实现那种汽车自己开来开去的真正自动驾驶，因为这真的不容易做到呢。

一般来说，自动驾驶系统都有感知系统、决策系统、控制系统三个部分。

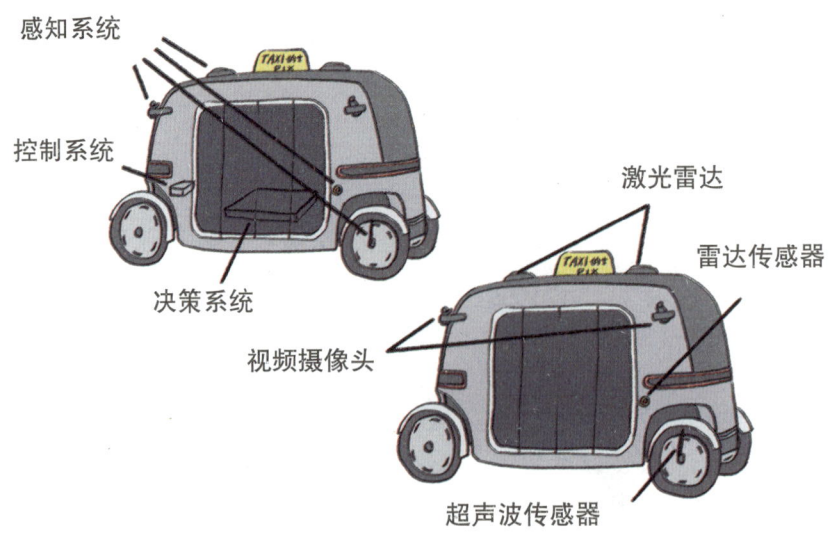

感知系统

控制系统

决策系统

激光雷达

雷达传感器

视频摄像头

超声波传感器

感知系统收集到的信息都会送到"大脑"——决策系统那里。决策系统就像个超级聪明的孩子，它会用很复杂的方法想："我现在应该怎么做呢？"比如向左还是向右、加速还是减速。

一切行动听指挥，向前开。

好的！

决定好了之后，"手脚"——控制系统就开始工作了。它会直接告诉汽车加速、刹车或转弯，就像你的小狗听到命令就会立刻作出反应一样，但汽车的反应更快、更准确。

但是，要想自动驾驶汽车真正在路上跑，不仅需要它自己的各个部分一起合作，还得看外面的情况，比如天气好不好、信号强不强。

我找不到方向了。

随着组合辅助驾驶技术的发展，将来会有越来越多的自动驾驶汽车跑在路上，可是，组合辅助驾驶也面临着许多问题。

首先，组合辅助驾驶面临着一系列法律法规问题。比如，如果组合辅助驾驶汽车撞东西了，谁该负责呢？是造汽车的人、写软件的人、车主还是坐车的人呢？

其次，我们的隐私可能被泄露。因为组合辅助驾驶汽车会收集我们的出行信息，比如什么时候出发、去了哪里、走了哪条路。如果这些信息被坏人知道了，可能会带来麻烦。

　　而且，组合辅助驾驶还面临着安全问题。黑客可能会攻击组合辅助驾驶汽车。就像电影里演的那样，坏人可能会控制汽车，让它做坏事或者出事故。

　　不过，虽然组合辅助驾驶汽车还面临着这些问题，但它已经越来越厉害了，并且已经开始帮助我们了。以后，随着科技的发展，组合辅助驾驶汽车一定会越来越多，成为我们生活中的好朋友。

第二节　智能搜索引擎：人工智能的超级侦探

现在，我们来看看人工智能的另一个应用——智能搜索引擎。它就像网络世界里的福尔摩斯，总能在你需要的时候，帮你找到那些藏在互联网深处的秘密。

你可能会说："我平时上网好像没用过什么智能搜索引擎啊。"但其实，你常用的百度搜索、搜狗搜索、神马搜索、360 搜索、谷歌搜索（Google Search）等都是智能搜索引擎。

那什么是智能搜索引擎呢？简单来说，它就是一个特别聪明的工具，能帮你从网上找到你想要的东西。它就像一个网络侦探，有着超强的观察力、记忆力和分析能力。

智能搜索引擎这个超级侦探有三个"超能力"。第一个超能力是"记忆力"，它能记住网上所有的东西，比如网页、图片、视频等。第二个超能力是"观察力"，它能快速地找到和你想要的东西相关的内容。第三个超能力是"分析能力"，它能根据你说的话，推断出你真正想要找的是什么。

我拥有三大"超能力"：记忆、观察、分析，能帮你找到最棒的答案！

那么，这个超级侦探是怎么工作的呢？很简单！你只需要输入一个关键词，就像给侦探提供了一个线索。然后，它就会在它的"记忆库"里搜索，找到和这个线索相关的内容。接着，它会用它的"观察力"和"分析能力"，对这些内容进行筛选和排序，最后找出最符合你需求的答案。

您输入关键词，我在记忆库搜索筛选，给您最合适的答案。

当然啦，作为一个超级侦探，智能搜索引擎也需要不断学习和进步。现在，它已经开始使用更先进的技术，比如深度学习和自然语言处理，来让自己变得更聪明、更准确。就像福尔摩斯不断使用新的侦探工具和技术一样，智能搜索引擎也在不断地升级自己的"装备"，来更好地为你服务。

我拥有了新装备，能力提升了。

随着科技的飞快进步，智能搜索引擎变得越来越聪明、越来越厉害了。它就像我们的超级侦探朋友，在我们的网络生活中扮演着超级重要的角色！这个超级侦探朋友不仅能听懂我们输入的关键词，帮我们找东西，它还有很多其他神奇的功能呢！

对话式搜索

语音识别

个性化推荐

图像识别

智能过滤

搜索引擎功能介绍

比如，它能记住我们的喜好，给我们推荐喜欢的东西，尤其是个性化推荐。我们上网的时候，它就在旁边偷偷地记下我们喜欢的东西，比如我们看过的电影、买过的玩具，还有我们的年龄和喜欢做的事情。然后，它会给这些东西打上标签，做个"兴趣名片"。下次我们上网，它就会用这些名片，给我们推荐更多我们喜欢的东西，让我们觉得上网真是件开心的事情！

　　智能搜索引擎的另一个重要功能是内容审核，也就是当"网络医生"。它会检查网上的信息，看看它们是不是真实、有用，有没有骗人或者不好的东西。只有那些通过了"体检"的信息，才会被推送给我们。这样，我们就能确保自己看到的信息都是好的，不会被骗或者看到不好的东西。

但是呢，智能搜索引擎也有个小缺点。因为它太聪明了，太了解我们的喜好了，所以有时候，它只会给我们推荐我们喜欢的东西。

这样一来，智能搜索引擎就忘了告诉我们世界上还有其他很多好玩的事情。比如，我们可能也喜欢看关于动物、宇宙或者历史的故事，但是智能搜索引擎并不知道，所以就不会告诉我们。这样，我们就好像被关在一个只有我们喜欢的东西的小房间里，看不到外面的世界了。

有时候呀，智能搜索引擎就像是个有点"偏心"的朋友。它会根据我们喜欢的东西，一直给我们看这方面的信息，这样我们可能就只能看到事情的一部分，就像只得到了一半拼图一样。

支持环保的人	📷 搜索一下

比如说，如果我们搜索"支持环保的人"，智能搜索引擎就会一直给我们推送支持环保的图片、新闻和视频。然后，有个男生就会觉得："哇，原来支持环保的人这么多啊！"

但是呢，如果我们搜索"不支持环保的人"，智能搜索引擎又会一直给我们推送反对环保的内容。这时候，另一个男生可能就会觉得："哎呀，不支持环保的人也不少嘛！"

不支持环保的人	📷 搜索一下

这样一来，我们可能就会对环保这件事情产生误解，因为我们都只看到自己想找的那部分信息。

所以呀，我们要记住，不能只依赖智能搜索引擎给我们推荐的信息哦！我们要像个小探险家一样，去探索不同的领域，看看各种各样的信息。这样，我们才能更全面地了解世界，就能完整地拼出一幅美丽的拼图。

第三节　智能家居：人工智能的温馨陪伴

现在，智能家居已经走进了我们的生活。

"打开窗帘，让阳光进来。"

"提醒我下午 3 点有个视频会议。"

"播放一些轻松的早晨音乐，帮我清醒清醒。"

那什么是智能家居呢？简单想象一下，如果家里的电器都会"说话"，还能听懂你的话，按照你的想法来工作，那是不是很酷？这就是智能家居啦！它用了一些很厉害的技术，比如互联网和人工智能，让家里的各种电器能够互相交流，还能根据你的需求自动调整，让生活变得更加轻松和舒适。

智能家居是一整套系统的集成。

有许多人认为，智能家居就是那些聪明的家电，但其实，它们只是智能家居大家庭里的一部分。智能家居其实是一个大大的系统，里面有好多个小帮手呢！其中，家庭人工智能系统就是这个大家庭的指挥官。

家庭人工智能系统的功能之一就是智能设备控制。它可以集中控制家中的各类智能设备，如电视、空调、洗衣机等。比如，你在外面玩累了，想回家就吹上凉凉的空调，只需要在手机上按一下，家里的空调就"呼呼"地转起来了。

　　家庭人工智能系统在家庭监测方面起到了巨大的作用。家庭人工智能系统通过智能摄像头、传感器等设备，实时监控家庭安全状况。当检测到异常或可疑活动时，系统会立即通知用户或触发报警机制。

　　尤其是安全监控方面的作用更大。如果有人想闯进家里，家庭人工智能系统会用摄像头拍下这个人的样子，然后和家里人的照片比比看，发现不是家里人，就会立刻给你的手机发信息，告诉你家里来坏人了，并且一直跟着那个人，看他想干吗。

　　家庭人工智能系统的另一个重要功能就是根据你的喜好给你推荐好看的电影、好听的音乐。比如，你喜欢看动画片，它就会多给你推荐动画片，而且越推荐越准，因为它会记住你的喜好。

　　家庭人工智能系统还很关心大家的健康呢！它会通过手环、传感器这些东西，收集大家的健康数据，然后告诉大家应该怎么做得更好，比如要多运动。

家庭人工智能系统还很聪明，能帮忙省钱。它知道什么时候应该关灯，什么时候电器不用了就自动关掉，这样电费就不会那么贵了。

科技越来越厉害，家庭人工智能系统也会变得更聪明、更贴心，让我们的生活变得更加美好！

第七章

人工智能的专业魔法

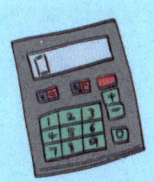

第一节　专家系统：人工智能的智慧助手

我们平常用的系统是传统系统，就像工厂里的流水线，专门做那些重复、有规律的工作，比如计算、数据处理等。你告诉它要做什么，它就按照设定好的步骤去做，然后给你结果。这种系统做简单、大量的任务特别快，但是遇到复杂、需要动脑筋的问题，它就"犯难"了。

这时候，就要依靠专家系统了。什么是专家系统呢？简单来说，其实就是一个特别聪明的计算机程序，装满了某个领域专家的知识和经验。不管问题多复杂，它都能像专家一样思考，找到解决方案。

专家系统是怎么工作的呢？它有两个关键部分：知识库，像个超大仓库，存满知识和经验；推理机，像聪明的侦探，根据问题在知识库里找线索，一步步推理出答案。

我根据知识库推理解决问题。

知识库

比如说，我们以前遇到法律问题，得跑去律师事务所找律师，律师用专业知识和经验给建议，但既费时间又费精力。

有了专家系统就不一样啦！你可以在家里或学校，通过手机或电脑就能找到"智能律师团"。它会很快地分析你的问题，然后从它的"大脑"里找出很多相关的法律知识和案例，给你提供初步的法律建议。这样，既省时又省力，还能省钱呢！

有了"智能律师团"，我的法律问题都解决了。

专家系统真的很厉害，它能在很多领域帮助我们，让我们的生活和工作变得更轻松。

第二节　人工智能医生：智能医疗的守护者

　　人工智能虽然还不能完全代替医生，但随着专家系统的发展和深度学习能力的增强，在帮助看病这件事上，已经是人类医生的得力助手啦！在医疗影像识别、辅助手术和临床诊断等方面，都大显身手。

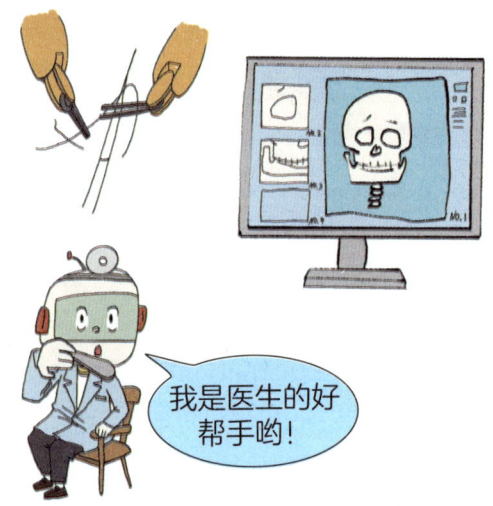

我是医生的好帮手哟！

　　人工智能在查看医学影像，如 X 光、CT 和 MRI 图像方面更准确、更快速。医生可能要看好几个小时，但人工智能只要几分钟就完成了。

您先喝杯茶，几分钟就搞定。

我们知道，人类医生可以用"望、闻、问、切"的方式来了解我们的病情。

那么，人工智能能否"望、闻、问、切"呢？看照片，它当然可以。那当然也难不倒它，它通过语音识别"听"懂我们说话，再用专家系统里的知识诊断病情。

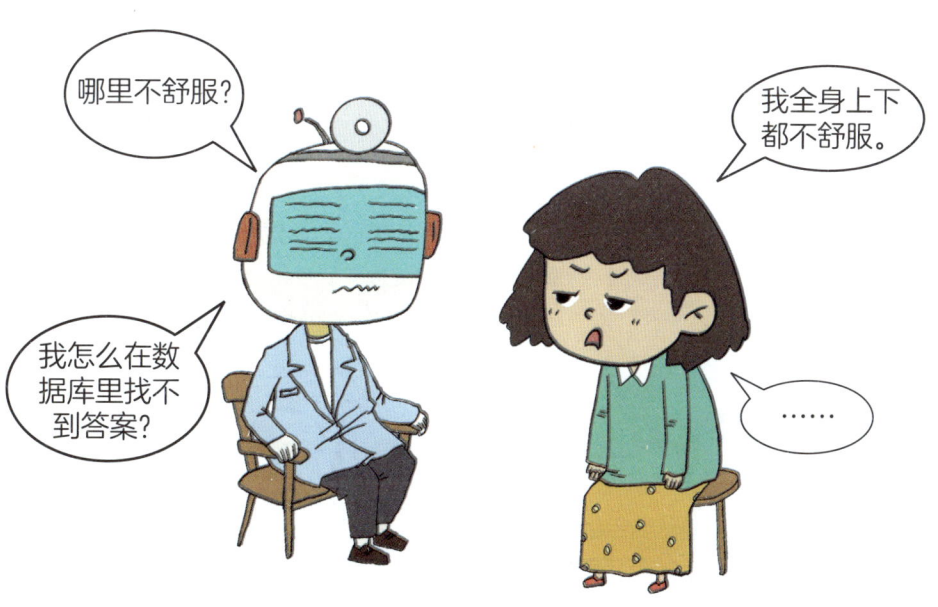

所以说，在"问"这方面，人工智能也能胜任了。

现在，人工智能在看病上做得越来越好，有时甚至比真正的医生还要棒。比如，在判别皮肤癌上，它比大多数皮肤科医生都要准。在预测心脏病、糖尿病等方面，它也做得很好。

而且，人工智能和人类医生相比有个巨大的优点，那就是它不会累，不会分心，更不会因为心情不好而犯错。

人工智能医生非常厉害。它的机械臂是钢铁做的，不管处理多精细的组织、缝合多小的伤口，都能稳得像钉在桌子上一样，连发丝般细微的操作都能做到分毫不差。

更神奇的是它的"脑子"。手术前，它会把患者的 CT 片子、核磁共振图像全都"吃"进数据库里，像算数学题似的算起来。比如规划手术路径时，它能在电脑上画出 3D 的"地图"，哪个地方该切多深、切多小，甚至血管、神经该怎么避开，都标得清清楚楚，把手术方案打磨得像量体裁衣一样。

但不过不管它多厉害，它始终得听医生的话。

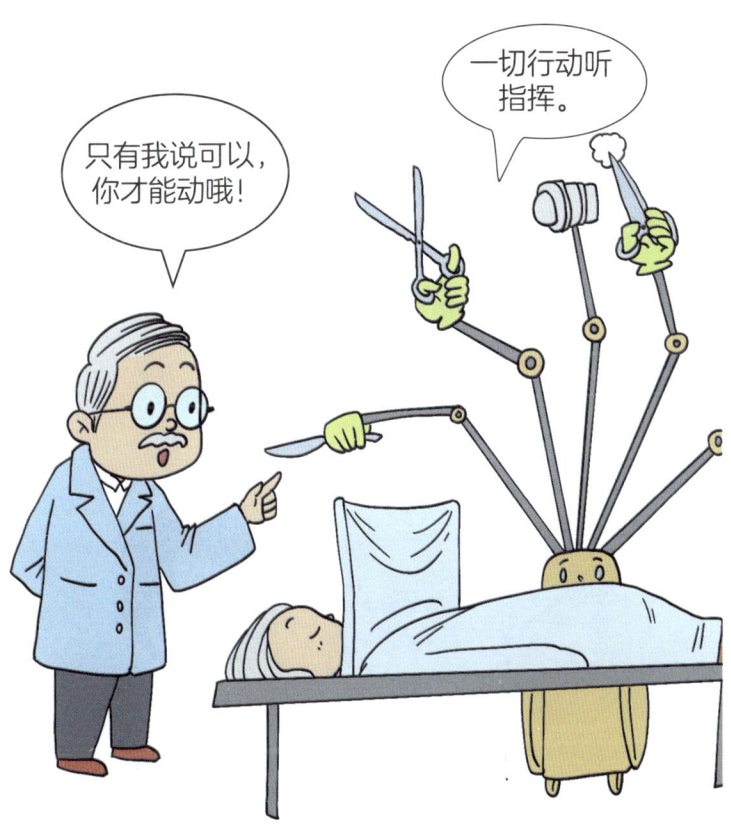

当前，人工智能医生也有短板：复杂病情搞不定！比如同时涉及心血管、内分泌、神经系统的综合疾病，人类医生靠经验和知识能综合判断，人工智能却可能因数据或算法不足而"卡壳"。

而且，人工智能缺乏人情味。它不会温柔地安慰病人，有时冷冰冰的回答让患者心里不舒服。

　　而且，如果人工智能看错了病或者给了不好的建议，我们不知道该追究谁的责任，是创造这个人工智能的公司、用它的医院，还是提供数据的人的责任呢？现在还没有定论。

　　人工智能和人类医生合作才是最佳方案。人工智能负责处理海量数据，医生用经验做最终判断，这样我们就能得到更好的治疗啦！

第三节　人工智能创作：智能艺术的魅力

人工智能能画画、作曲、写小说？听起来超神奇！冷冰冰的机器，怎么突然有了艺术细胞？别急，我们就来探索一下人工智能创作的魅力！没错，那些看似冷冰冰的机器，现在也能挥动画笔、弹奏音乐，甚至撰写诗篇了。

那人工智能是如何绘画的呢？你是不是认为，人工智能像人类一样，手拿画笔，在画纸上挥洒自如，一幅画就出现了。

人工智能画画的方式和我们不一样。它先学会了区分画里的内容和风格。比如，它知道不同颜色和形状的椅子，虽然看起来不一样，但都是椅子，这就是内容。而颜色和形状，就是风格。

接着，它像个创意大师，把内容和各种风格混搭，画出从没见过的新作品！给它一张猫咪的照片，它能变出油画风、哥特风的猫咪，超有趣！

人工智能不仅可以创作出令人惊艳的绘画作品，而且在动画制作方面发挥了巨大的作用。

以前，动画需要很多人一帧一帧地画，非常辛苦，还容易出错。一旦有一笔画错，整张图就废了。所以动画片的制作时间会很长，像经典的《大闹天宫》，花了整整四年才完成。

而用人工智能来制作动画呢，我们只需要告诉它剧情，比如孙悟空推倒炼丹炉，加上语言框它就能自动生成画面，省时又省力！

制作孙悟空推倒炼丹炉的动画。

没问题，你先喝杯茶。

　　人工智能还能把普通照片变成动漫风格。你只需把照片导入人工智能系统里，再告诉它你想要的动漫风格，它就能帮你把照片变成动漫啦！此外，它也可以对原视频进行动漫风格化处理。我们把想要进行动漫风格化处理的原视频导入人工智能处理系统，人工智能就可以对里面的人物、背景、动作等关键元素进行识别。我们再输入动漫风格的设定，人工智能就可以将其转换为动漫风格。

转换成动漫风格

　　随着技术的不断进步和应用场景的不断拓展，人工智能将在动画领域发挥更加重要的作用。也许，在将来，我们人人都是出色的动漫制作师。

同样地，人工智能不仅会做动画，它还会写歌呢！你可以对着人工智能说："来一首快乐的歌！"然后，它就会立刻开工。

其实，人工智能之所以能写歌，是因为它发现音乐里有很多规律。它知道音乐有旋律、和声、节奏这些部分，而且知道不同的作曲家有什么样的风格。人工智能就像一个超级聪明的侦探，把这些规律都找出来，全都记在"心里"。

人工智能还可以根据我们的要求来创作音乐。比如，我们可以告诉它是想要古典风格的还是爵士风格的，是悲伤的还是欢快的。人工智能就会根据这些提示，为我们生成一首独一无二的音乐。

不过，刚开始它写的歌可能像"新手练手"，不太动听。

别担心！随着技术进步，它写的歌会越来越好听。当然，要想更完美，还得靠人类作曲家"润色"，毕竟人类的情感和创意无可替代！

人工智能还会写小说呢!

首先,人工智能需要读很多小说、文章和其他文学作品,从经典文学到现代流行小说都有。

通过阅读这些文本,人工智能可以学到很多语言规律。比如一句话怎么说才合理,人物之间会怎么对话,故事情节应该怎么发展。比如,一句话是否合理,主要看其中的词语搭配是否正确。如对下图的描写,"我看电视"是合理的,"我吃电视"和"我打电视"就是不太合理的。人工智能就是这样总结了类似的语言规律。

我看电视 √

我吃电视 ×

我打电视 ×

当你想让人工智能帮你写小说时，你可以像和朋友聊天一样给它一些提示。比如，你可以告诉它："我想看一部关于冒险的小说，故事发生在奇幻的世界里，主角是一个勇敢的小女孩。"人工智能听到这些提示后，就会开始动脑筋，从它学过的很多故事里找出合适的内容，然后组合起来，为你写出一个新的冒险故事。

写一部关于冒险的小说，设定在奇幻世界，主角是一个勇敢的年轻女孩。

人工智能根据它学过的知识，写出了这个冒险故事。

故事太平淡，对话要更有趣！

但是呢，人工智能写的故事也不是那么完美。有时候，它可能写得有点简单，或者人物的对话不太好玩。这时候，你就可以像老师改作业一样，给它一些建议，比如："这里的故事情节有点单调，人物的对话也要更有趣一些哦！"人工智能听到你的建议后，就会再努力一下，把故事改得更好。

除了小说，人工智能还能写诗歌呢！比如，你让它写一首关于友谊的现代诗，它很快就能写出来，读起来还有模有样。

友谊之歌

在时光的长河里漂泊，
我们相遇，如星辰交汇；
在喧嚣的世界中寻觅，
那份纯真，是友谊的馈赠。

可是，如果让人工智能创作我国的古体诗，它就有点露怯了。因为它不太理解古诗里的那些修辞手法，比如借代、用典之类的。所以它写的古诗可能有点奇怪。

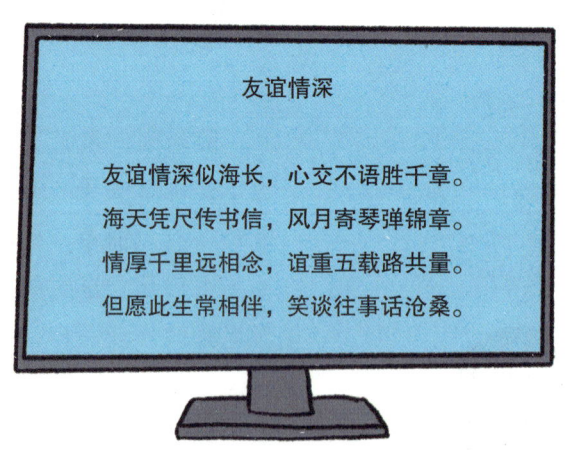

友谊情深

友谊情深似海长，心交不语胜千章。
海天凭尺传书信，风月寄琴弹锦章。
情厚千里远相念，谊重五载路共量。
但愿此生常相伴，笑谈往事话沧桑。

不过别着急！人工智能越来越聪明，未来说不定能成为艺术界的"大明星"呢！一起期待它带来更多惊喜的作品吧！

第一节 人工智能的未来趋势：智能的无限可能

在未来，人工智能就像一位无所不能的魔术师，正用它那神奇的魔杖，使我们的工作和生活发生翻天覆地的变化。你想知道哪些工作会因为人工智能而变得更好，又有哪些工作会迎来新的挑战吗？那就让我们一起来看看吧！

首先，人工智能工程师会成为"魔法缔造者"。他们用代码赋予机器智慧，让人工智能学会"听"懂人类的需求、"看"懂世界的模样。这些新时代的魔法师，正在和人工智能进行一场无声的对话，让它们变得更聪明、更懂我们。

其次，我们看看医生的工作会发生什么变化。医生的工作会变得更"智能"！人工智能不会取代医生，却会成为他们的"超级放大镜"。它能快速分析CT影像、推荐治疗方案，让医生的诊断更精准。在未来的医院里，医生和人工智能并肩作战，共同守护我们的健康。

辅助驾驶技术越来越厉害，也许未来很多车都能自己开，但司机不会失业哦！他们会成为"智能交通指挥官"，监督自动驾驶系统，规划最优路线，做更有挑战性的工作。

再来说说客服阿姨和叔叔们的工作。现在有一种人工智能客服，它们能 24 小时在线，帮我们解决问题。它们还能通过看我们以前的行为，预测我们可能需要什么帮助，然后给我们提供建议。虽然传统的客服工作可能变少，但人工智能客服让我们得到了更快、更好的服务。

未来人工智能就像一场魔术表演，既有很多让人兴奋的新机会，也有一些挑战。但不管怎样，我们都要勇敢地面对这些变化，学习新的知识和技能，让自己变得更强大。在这个智能的时代里，只有不断学习、不断进步的人，才能成为真正的赢家！

第二节　人工智能与人类的关系：和谐共生的新篇章

嘿，小伙伴们，你们知道吗？现在呀，人工智能和我们人类的关系变得好特别呢！以前，我们可能会担心人工智能会抢走我们的工作，但现在看起来，这种担心好像多余啦！因为呀，人工智能和人类正一起努力，让我们的世界变得更棒！那你们想不想知道，人工智能和人类是怎么做到友好相处的呢？快来一起探索吧！

首先，人工智能是我们的"全能小帮手"。不管是工作上那些让人头疼的小任务，还是生活中遇到的小麻烦，人工智能都能轻松地帮我们解决。比如说，有个叫人工智能助手的小伙伴，它可以帮我们安排每天要做的事情，提醒我们别忘了重要的事儿，还能帮我们买东西、点餐呢！这样，我们就能有更多时间去玩、去做自己想做的事情了。

在学习和看病时，它更是贴心伙伴！在学习上，人工智能能知道我们学得怎么样，然后给我们最适合的帮助和练习，让每个小朋友都能学到最适合自己的东西。

在看病的时候，人工智能能帮医生更好地看病、开药，让我们能更快好起来。

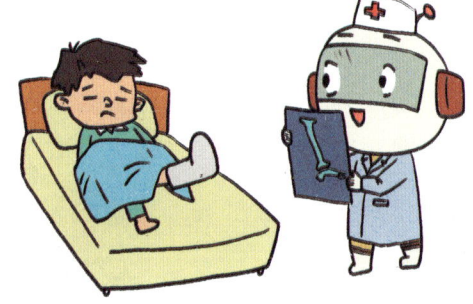

不过，就像新朋友需要磨合，我们和人工智能也需要互相理解。科学家们正在努力告诉大家：人工智能是如何工作的？可能有哪些小问题？这样我们就能放心地和它做朋友啦！

只有知道人工智能是什么样的，我们才能更好地接受它哦！

最重要的是，我们在互相成就！人工智能擅长处理数据、不知疲倦，而人类拥有独一无二的想象力和创造力。就像画家和画笔，只有携手合作，才能画出最美丽的未来画卷。

记住哦，人工智能不是我们的敌人，它是我们的好朋友和好伙伴。让我们一起手拉手，向前走，一起创造一个更美好的未来吧！

第三节　人类如何迎接人工智能时代的新挑战

人工智能时代就像一场盛大的探险，小朋友们，你们准备好装备了吗？带上这几个"魔法锦囊"，我们就能勇敢闯关！

第一个锦囊：成为"学习小超人"。在人工智能时代，新知识、新技能多得不得了，就像天上的星星一样数不完。我们只有不断地学习，才能跟上这个时代的节奏，不被落下。这就像我们玩升级游戏，只有不断升级自己的"装备"和"技能"，才能通关哦！

　　第二个锦囊：变身"小小发明家"。虽然人工智能很厉害，但它还是我们人类造出来的。所以，我们要大胆想象，勇敢尝试新东西，用我们的聪明脑袋和创意让人工智能帮我们实现梦想！

　　第三个锦囊：和人工智能"组队打怪"！人工智能不是我们的敌人，它是我们的好帮手。我们可以利用它的优点，和它一起完成任务，这样我们就能更快、更好地完成工作了。就像篮球比赛中的最佳搭档，默契满分！

第四个锦囊：守住"规则魔法"！就像不能随便使用危险咒语一样，我们要关注人工智能的"伦理魔法"，比如保护隐私、公平对待每一个人。这是让科技温暖人心的关键哦！

人工智能时代不是未知的迷宫，而是充满惊喜的乐园。只要我们怀揣好奇心、保持善良、勇敢前行，就能和人工智能一起，写下属于人类的精彩新篇章！